探索地震的奥秘

王 涵 华 玮 编著

地震出版社

图书在版编目（CIP）数据

探索地震的奥秘：地震科学小课堂 / 王涵，华玮编著.—北京：地震出版社，2022.5
ISBN 978-7-5028-4942-9

Ⅰ.①探…　Ⅱ.①王…②华…　Ⅲ.①地震学－青少年读物　Ⅳ.①P315-49

中国版本图书馆CIP数据核字（2021）第183005号

地震版　XM5022/P（6143）

探索地震的奥秘——地震科学小课堂
王　涵　华　玮　编著

责任编辑：王亚明
责任校对：凌　樱

出版发行 **地震出版社**

北京市海淀区民族大学南路9号　　　　邮编：100081
发行部：68423031　68467991　　传真：68467991
总编室：68462709　68423029
专业部：68467982
http://seismologicalpress.com
E-mail: dz_press@163.com

经销：全国各地新华书店
印刷：河北文盛印刷有限公司

————————————————————————

版（印）次：2022年5月第一版　2022年5月第一次印刷
开本：640×960　1/16
字数：71千字
印张：4.75
书号：ISBN 978-7-5028-4942-9
定价：22.00元

Foreword
前言

　　我国自古多地震，地震活动范围广、强度大、频率高、灾害重。我国以占世界约 7% 的国土承受了全球约 33% 的大陆强震，是世界上自然灾害最为严重的国家之一。地震灾害是对人类生命财产威胁最大的自然灾害，被称为群灾之首。严峻的地震灾害给人民群众的生命财产造成了巨大损失，给经济社会发展造成了重大影响。

　　面对地震灾害，当前人类还无法准确预测和阻止。长久以来，学校缺乏必要的防震减灾教育资源和环境，中小学生防震减灾意识淡薄，缺乏地震灾害防御知识和自救互救逃生技能，在地震灾害中极易受到伤害，这些问题在"5·12"汶川大地震中带来了沉痛的教训。

　　为了解决类似问题，根据《教育部关于加强大中小学国家安全教育的实施意见》，我国已逐渐认识到加强大中小学安全教育的重要性。学校要准确把握加强大中小学安全教育的总体要求，注重学生发展核心素养，以提高综合防震减灾能力建设为宗旨，大力推进防震减灾科普教育均等化，高度重视培育和践行社会主义核心价值观，努力在实践活动中全面提升学生的安全意识和技能。除学校常规的应急疏散演练以及防震减灾社会实践活动以外，通过开设防震减灾科普活动实践课程进行灾害教育尤为重要。

　　开展灾害教育是当前素质教育的一个基本要求，可使学生产生危机意识，珍爱生命，保障生命安全；可使学生崇尚科学精神，奠定文化基础；可锻炼学生勇于探究、不畏困难、坚持不懈的探索精神，使其大胆尝试，积极寻求问题的有效解决方法。

Contents
目录

第一章　地震是什么

一、引 言

　　地球是人类的家园，从生命诞生之初的原始社会到如今的繁华世界，人类的生活与地球变化息息相关，从气候的变化，到地球构造的改变，都对我们的生活产生了直接或间接的影响。那么地震对我们人类的生活造成了哪些影响？人类究竟是如何面对这个具有超强破坏力的"大家伙"的呢？下面我们将带同学们一起去探索地震的奥秘。

二、阅读与思考

1. 地震是一种自然现象

　　地震，与我们日常生活中见到的刮风、下雨、下雪等相似，属于一种自然现象。地震发生时，大地震动，地震释放的能量越大，大地震动越强烈。据不完全统计，全球每年发生的地震有 500 多万次。其中，绝大多数太小或太远，以至于人们感觉不到；真正能对人类造成严重危害的地震有十几二十次；能造成特别严重灾害的地震有一两次。我们要以一颗平常心去对待地震，不要过于惧怕地震，但也不可小看地震的威力。

2. 地震成因

地球孕育出了多姿多彩的生命，奇迹布满这颗蓝色的星球。广阔无垠的天空、波涛汹涌的大海以及沟壑纵横的大地都充满着未知，地震也为这抹神秘添加了一道色彩。

地震成因一直是地震学科中的一个重大课题，现在比较流行的是大家普遍认同的板块构造学说。1965 年，加拿大著名地球物理学家威尔逊首先提出"板块"的概念；1968 年，法国地质学家萨维尔·勒皮雄把全球岩石圈划分成六大板块，即欧亚板块、太平洋板块、美洲板块、印度洋板块、非洲板块和南极洲板块。板块与板块的交界处，是地壳活动比较活跃的地带，也是火山、地震较为集中的地带。板块构造学说是大陆漂移、海底扩张等学说的综合与延伸，它虽不能解决地壳运动的所有问题，却为地震成因的理论研究奠定了基础。

我们赖以生存的地球就像一颗鸡蛋，而我们居住的房子就建在薄薄的"蛋壳"上面。当地震发生时，会释放巨大的能量，在这股能量的作用下，"蛋壳"开始剧烈震动，"蛋壳"上面的房子有的也就被震倒了。那么地震是如何发生的呢？科学家们从未放弃对地震成因的探索与研究，经过不断的实验验证，得出了关于地震成因的几类学说，其中比较流行且大家普遍认同的是板块构造学说。

板块构造学说认为，地球表面的板块并不是静止不动的，受地球内部的影响，地壳始终处于运动状态，只是这种运动非常缓慢，人类自身无法察觉，只能靠仪器监测或根据地貌变化推断出来。然而地壳并不是以整体的形式运动，不同板块的运动速度间存在差异，这就导致一些板块在运动的过程中不断被牵拉或是挤压。当牵拉或挤压达到一定程度之后，地壳薄弱的部分就会发生断裂。突然的断裂会产生相当大的能量，这种能量最终将通过震动传播出去，也就是我们所说的地震。

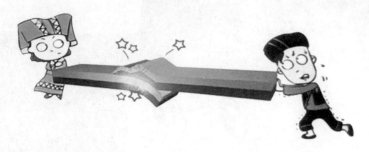

为什么地壳断裂后会产生如此巨大的能量呢？这是因为地壳本身具有一定的弹性，地壳运动过程中板块不断被挤压或牵拉，此时的板块就像是一根被不断弯折的木棍一样，随时会被折断，当牵拉或挤压的程度越来越大时，板块就会像木棍一样在受力最大且最薄弱的地方断裂。当断裂发生时，之前积累的能量就会在这一过程中以震动的形式释放出来。这就好比我们折断一根较粗的木棍时，手上会传来剧烈的震动，甚至整个手臂都会被震麻，而且折断木棍的瞬间还会有巨大的声响。但是，地壳不论是厚度还是坚硬程度，都不是木棍所能比的。当地壳发生断裂时，相当于把一块超级巨石折断，这一过程中所释放的能量可能相当于很多颗原子弹同时爆炸，所以大地震产生的震动具有非常强的破坏性，传播的距离可以达到上万千米甚至可以传遍整个地球。

当然，很多大地震的发生是由多种因素引起的，并不单单是地壳断裂造成的。在地震成因的探索上，科学家们从未停止过前进的脚步。

3. 地震对人类的影响

地震之所以让人们谈之色变，主要还是因为地震对人类造成的伤害太过严重。尽管破坏性地震发生的次数并不多，但每一次大地震都会造成严重的人员伤亡和巨大的经济损失。

地震不仅会使大量房屋建筑倒塌，还会引起各类次生灾害，如：火炉倒塌、燃气泄漏、电器短路等引发火灾；水坝崩塌或堵塞河道形成堰塞湖，进而造成水灾；核电站被破坏，导致核污染；地震引发海啸，使沿海

在20世纪全球因地震死亡的人数中，中国占了约一半哟！

地区受灾；灾后发生传染病等灾害。

　　据不完全统计，在地震中绝大部分的人员伤亡和经济损失是由房屋建筑破坏造成的。地震的发生非常突然且破坏性极强，往往在短时间内就能摧毁房屋建筑。在房屋内的人员，有的根本来不及逃生，被掩埋在废墟下面，进而造成人员伤亡。

　　在整个20世纪，地震在全球范围内共造成近120万人死亡，其中我国死于地震的人数约占全球地震死亡人数的一半，死亡人数高达近60万。

　　除此之外，20世纪全球发生的两次伤亡人数最多的地震也均在我国。一次是1920年12月16日发生的甘肃海原（今宁夏海原）地震，此次地震共造成23万多人死亡；另一次是1976年7月28日发生的河北唐山大地震，此次地震共造成超过24万人死亡。这两次大地震造成的死亡人数占我国20世纪地震死亡人数的绝大部分。另外，1556年1月23日发生的陕西华县地震，共造成约83万人死亡，这也是历史上有记载以来死亡人数最多的一次地震了。尽管这些死亡并非全由地震直接造成，但与地震有着直接或间接关系。

地震不仅会带来严重的人员伤亡，还会造成巨大的经济损失。如 1976 年 7 月 28 日发生的唐山大地震，使得一座百万人口的大城市一夜之间化为废墟，约 529 万间房屋受损倒塌，桥梁、列车轨道、供水供电等基础设施全部被破坏，经济损失高达约 100 亿元人民币。

地震是地球上很平常的一种现象，同时也是地球上不可避免的一种物理现象。就像下雨一样，小雨并不会对我们造成多么严重的伤害，但当暴雨来临时，我们就要有所准备，否则我们将面临严重的威胁。地震也一样，微震对我们人类的影响并不大，但当大地震来临时，将会给我们带来

毁灭性的灾难。

　　尽管目前我们还不能像预报天气一样提前准确知晓地震的到来，但相信随着科学技术的不断发展，地震背后的秘密将会被一一揭开，人类也不再畏惧地震。现阶段，我们应当学习了解地震知识，掌握震后自救互救技能，做到防患于未然。

三、拓展小实验

　　下面介绍两个可以在家自己找到材料进行板块运动模拟的小实验。

1. 用木条感受地震发生

　　两手拿着一根木条的两端，稍用力，木条轻微弯曲不断，继续用力，到一定程度后，积攒的力量瞬间爆发出来，木条碎裂，手上传递过来一股震动。

2. 用毛巾模拟地层变化

找不同颜色的毛巾，重叠铺放在一起，放于桌面。双手按住两侧往中间推挤，毛巾隆起成"山"，展示了地壳长年累月慢慢变化的过程。

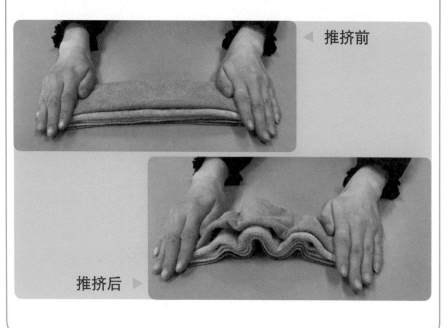

◀ 推挤前

推挤后 ▶

四、检测与评估

1. 全球每年发生多少次地震？ （ ）

A. 10 次　　　　　　B. 400 多万次　　　　C. 500 多万次

2 地震的主要原因是什么？ （ ）

A. 板块运动　　　　B. 火山喷发　　　　C. 海啸冲击

3. 地震发生后有哪些次生灾害？ （ ）

A. 火灾　　　　　　B. 海啸　　　　　　C. 传染病

4. 全球六大板块分别是什么？

第二章 地震三要素

一、引言

　　1976 年 7 月 28 日 3 时 42 分 55.9 秒，我国河北唐山发生了 7.8 级地震，震中烈度 11 度，震源深度 12 千米，地震持续约 23 秒。当时首都北京摇晃不已，天安门城楼高大的梁柱嘎嘎作响。从渤海湾到内蒙古、宁夏，从黑龙江以南到扬子江以北，华夏大地上的人们都感到了异乎寻常的摇撼，一片惊惧。我国大部分地区均有震感，但是破坏程度并不一样，这是为什么呢？带着这个疑问，让我们从这一章中寻找答案。

二、阅读与思考

1. 地震后震情的重要性

　　当地震发生时，越靠近地震中心的地区，震动越强烈，房屋建筑的破坏程度越大，造成的人员伤亡越严重。地震发生后，在最短的时间内确定地震的位置、地震能量的大小以及地震发生的准确时间，政府主管部门就可以迅速制定出相应的救援方案，从而在最短的时间内实施救援。越早对灾区开展救援，被压埋在地震废墟里面的幸存者被救出来的希望就越大，震后受伤的人们也能越早地被救治。地震面前，时间就是生命。地震发生的时间、地震发生的地点以及地震的震级是非常重要的三条信息，我们称其为"地震三要素"。

2. 时间、地点、震级

　　时间，这里指的是构造破裂的时间。由于监测仪器及数据统计方面的原因，地震发生后短时间内人们只能确定较为粗略的时间。在震后一段时间内，地震专家们会对全球的地震监测台站监测到的数据进行分析，从而确定出地震发生的准确时间，这个时间就是本次地震的震时，如"5·12"汶川地震的震时为：北京时间 2008 年 5 月 12 日 14 时 28 分 04 秒。

地点，这里指的是地震发生后震中的位置。地震的震源一般位于地下，震后救援时不需要对震源进行精准定位，只需要知道地震震中区域就可以了。目前科学家们常把地震震源的位置垂直投影到地面上，这样就可以用简单的坐标标注地震震中，快速定位受灾区域，迅速展开紧急救援了，如 2008 年"5·12"汶川地震的震中位置为：北纬 30.95°，东经 103.4°。但震中并不是一个点，而是一个区域，将震中看作一个点只是为了研究时方便。就像我们晚上将手电筒的光打在墙面上一样，墙上的光团就是震中，手里的手电筒就是震源。整个震中覆盖的区域叫作震中区，震中区常是整个地震影响范围内破坏最严重的区域，因此对震中区的救援显得更为紧迫。

那么我们是如何确定震中位置的呢？确定地震的震中主要有两种方式：一种是通过后期的调查，将地震中破坏最为严重的地方的几何中心定为震中；另一种方法是通过统计全国大大小小的地震台站在地震时监测到的数据，经过分析后得出结果。地震台站首先会根据监测到的数据确定地震的震源位置，然后将震源的位置垂直投影到地表，这样便得到了震中的位置。震中周围的观测台站到震中的距离叫作震中距。距离震中越近，地震震动越强烈；距离震中越远，震动越微弱。

尽管我们可以通过地震监测台站来定位震源的位置，但由于地球内部构造或建筑物抗震性能不一等原因，用震源投影出来的震中并不一定是整个地震影响范围内破坏最严重的区域，这就需要救援队及地震专家到达现场后进行统计调查了。

震级指的是地震的大小，主

要是通过测量地震发生时地震波在地表某个位置的振幅来确定的，地震波的振幅主要通过地震监测仪器测量得出。目前国际通用的震级标度有地方性震级（里氏震级）、体波震级、面波震级和矩震级。

地震按震级大小可以分为极微震、微震、小震、中震、大震与特大地震六大类别。极微震是指震级小于1.0级的地震，微震是指震级大于等于1.0级且小于3.0级的地震。极微震与微震几乎每天都在发生，但由于震级较小，产生的震动相对微弱，我们人类几乎察觉不到。小震是指震级大于等于3.0级且小于5.0级的地震，这类地震释放的能量较大，地面的震动较为明显，可以被人们察觉，不过还达不到破坏房屋的程度。中震是指震级大于等于5.0级且小于7.0级的地震，这类地震释放的能量已经相当大了，产生的震动也较为明显，房屋内悬挂的吊灯等物品会出现晃动，门窗也会吱吱作响，但不会造成特别严重的破坏。大震指的是震级大于等于7.0级的地震，其中大于等于8.0级的地震又被称为特大地震。这类地震会对房屋等建筑物造成不同程度的破坏，从而造成不同程度的人员伤亡和经济损失，如1976年唐山7.8级地震和2008年汶川8.0级地震，就造成了严重的人员伤亡和巨大的经济损失。

3. 震级与地震烈度

与震级相对应的是地震烈度，一次地震只有一个震级，但可以有多个烈度。烈度是地震影响或破坏大小的量度，不但与地震本身的大小有关，而且与观测点的距离、土质情况、建筑物的类型等有关。其反映了地震引起的地面震动及其影响的强弱程度。由于受地理位置、震中距以及建筑结构等的影响，不同地区的破坏程度不同，有的地方只是家具被晃倒了，有些地方房屋出现倒塌，而有的地方不仅房屋倒塌，甚至连地面都出现裂缝，这就呈现出了不同程度的破坏。一般情况下，距离震源越近，破坏程度越严重，烈度也就越大；离震源越远，烈度就越小。

我国将地震烈度分为12度。数字越小，烈度越小，破坏程度越轻；数字越大，烈度越大，破坏程度越严重。例如1976年唐山7.8级地震中，震中烈度为 11 度，天津的烈度为 8 度，北京的烈度为 6 度，由此可以对比出在唐山大地震中天津受的地震影响要比北京大。

地震三要素虽然看起来非常简单，但其中蕴含的信息是非常重要的。在这些信息的帮助下，我们不仅可以快速有效地对灾区的人们进行救助，还能为地震专家提供参考数据，帮助科学家们进一步了解地震的奥秘。

三、实验与思考

制作简易烈度演示台

材料和工具：50cm×50cm 的 KT 板或硬纸板、积木（若干，可用多米诺骨牌等代替）、彩笔、剪刀、皮筋（若干）、牙签。

步骤和方法如下。

（1）在 KT 板中心位置附近画一个点，表示震中，并每隔相同距离（2～3cm）画同心圆，表示等震线。

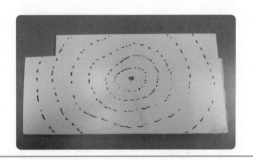

（2）用剪刀在震中处扎一个洞，将皮筋由下往上穿出，并用一根牙签横向别住，防止皮筋掉落。

（3）用书本或其他东西将 KT 板垫高，在从中心到外圈的各条等震线上搭建一些"建筑物"。

（4）手从 KT 板下方用适当的力度拉动皮筋，利用弹性一下一下震动 KT 板，观察现象。

四、检测与评估

1. 地震三要素分别指什么?

2. 地震震中所在的区域叫作（　　）。

A．地中　　　　　　　B．地震点　　　　　　C．震中区

3. 地震震中是（　　）在地表的投影。

A．地点　　　　　　　B．时间　　　　　　　C．震源

4. 一次地震有几个震级，几个烈度？（　　）

A．1个；多个　　　　B．多个；1个　　　　C．1个；1个

第三章　地震带

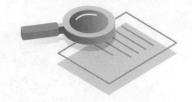

一、引　言

　　全球每年平均发生 100 多次 6 级以上地震，它们总是在一些地区频繁发生，并且在这些地区发生过的地震呈带状分布，因此我们称其为地震带。地震是地壳运动的产物，地震带跟地壳活动带有着密不可分的联系。那世界上主要有哪些地震带呢？我国主要的地震带又有哪些呢？带着这些问题，让我们一起探究地震带的奥秘。

二、阅读与思考

1. 地震带简介

　　通过之前的章节，我们已经知道地球的岩石圈是由欧亚板块、太平洋板块、非洲板块、印度洋板块、美洲板块和南极洲板块这六大板块拼接组成的。这些板块在运动中不断相互挤压、拉伸，导致一些板块交界处或地壳薄弱处的地壳活动异常强烈，这些地方便成了地震频发地带。在这些地方发生过的地震呈带状分布，因此我们称其为地震活动带，简称为地震带。

2. 全球地震带

　　根据对以往地震的统计，全球地震主要集中在三大地震带上，分别是：环太平洋地震带、欧亚地震带和海岭地震带。

　　在这三大地震带当中，地震活动最强烈、活动频率最高的是环太平洋地震带。全世界 80% 以上的地震都发生在此地，在此地震带上地震释放的能量占到全球地震能量的 80% 左右，而且环太平洋地震带的地震面积占全球地震面积总和的一半左右，可以说环太平洋地震带是地球上最主要的地震带。

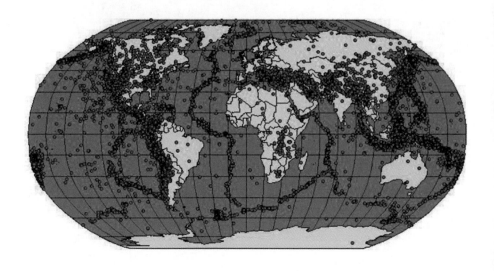

　　环太平洋地震带主要分布在太平洋周围，像马的蹄子一样环绕分布在太平洋上。作为全球第一地震带，环太平洋地震带的分布极其广泛。它沿着北美洲太平洋沿岸的美国阿拉斯加向南，经过加拿大、美国加利福尼亚和墨西哥西部地区，之后到达南美洲的哥伦比亚、秘鲁和智利，另一边经过阿留申群岛、堪察加半岛、日本列岛南下至我国台湾地区，直到新西兰。如此广泛的分布，使得呈马蹄状的环太平洋地震带基本将大陆与海洋分隔开来。

　　除包揽了 80% 以上地震的环太平洋地震带之外，剩下的绝大多数地震发生在欧亚地震带上，它是仅次于环太平洋地震带的全球第二地震带。欧亚地震带主要分布在欧洲与亚洲大陆地区，可分为两大部分：一部分从地中海向东延伸，经过土耳其、伊朗后到达喜马拉雅山脉，然后向南经过我国横断山脉，最终延伸到印度尼西亚；另一部分从中亚向东北方向延伸，最后止于堪察加半岛，但这部分地震带上的地震分布较为零散，少有大地震发生。因为欧亚地震带主要在地中海与喜马拉雅山脉连线上，故而也称欧亚地震带为"地中海—喜马拉雅地震带"。

　　欧亚地震带上发生的地震虽不及环太平洋地震带上的频繁，但也发生过一些大的破坏性地震，如 1897 年印度阿萨姆邦发生的 8.7 级地震与 1950

年中国西藏察隅地区发生的8.6级地震等，均造成了相当严重的损失。欧亚地震带上地震释放的能量占到了全球地震能量的15%左右，坐实了全球第二地震带的称号。

除了环太平洋地震带和欧亚地震带之外，全球第三大地震带是海岭地震带，它是三大地震带中唯一一个分布在海底的地震带。

海岭地震带分布于三大洋，即太平洋、大西洋与印度洋。"海岭"指的是地震主要分布在这三大洋中的海岭位置，也就是我们常说的海底山脉部分，也叫作洋脊部分，因此海岭地震带也被称为洋脊地震带。

海岭地震带内发生的地震一般比较微弱，释放的能量相较于环太平洋地震带和欧亚地震带而言要小很多，有史以来仅在大西洋与印度洋海岭地带记录到了一些大震。此地震带目前尚未发生特大型的破坏性地震，因此海岭地震带也被定义为全球次要地震带。

3. 我国主要地震带

我国地处环太平洋地震带与欧亚地震带之间，受到来自太平洋板块、印度洋板块以及欧亚板块的共同作用，造就了我国地震活动频率高、分布范围广、强度大的特点。

我国的地震活动受准噶尔盆地、塔里木盆地、四川盆地以及大兴安岭、阴山、天山、青藏高原的影响，呈现出西部地区地震强烈，东部地区地震微弱的特殊分布特征，且集中分布在五大区域：青藏高原地震区、天山—阿尔泰山地震区、华北地震区、华南地震区、台湾地震区。其中青藏高原地震区是地震活动最强烈，也是地震发生最频繁的区域，主要分布在青藏高原的南北部及昆仑地区。天山—阿尔泰山地震区位于天山的南北侧，整个地震区域大致可分为南天山、中天山、北天山和阿尔泰山四个地震带。华北地震区主要分布在太行山两侧、华北平原、燕山与阴山一带，有历史记录以来，华北地震区共发生过5次8.0～8.5级地震、20次7.0～7.9级地震、111次6.0～6.9级地震。虽然华北地震区发生的地震强度较大，但地震频率相对较低。华南地震区主要分布在东南沿海地区与台湾海峡内，有历史记录以来，共记载到 5 次 7.0 ～ 7.5 级地震和 28 次 6.0 ～ 6.9 级地震。台湾地震区发生的地震基本集中在台湾东部地区，有少量地震发生在台湾西部地区，有历史记录以来，共记载到 2 次 8.0 级及以上地震、38 次 7.0 ～ 7.9 级地震、261 次 6.0 ～ 6.9 级地震。台湾地区由于地处欧亚板块、太平洋板块的交界处，自古以来就是我国地震频发区域。

　　我国作为地震多发国家，很多生命线工程（如电力输送、供水、交通、通信、燃气、水利等工程）在修建的时候都应避开主要地震带，或在地震带区域建设具有抗震减震功能的生命线工程，以保障我国基础工程在地震多发区域的建设。了解地震带的分布状况及地震活动规律将为我国生命线工程的建设提供强有力的规划依据，也可为我国经济发展提供保障。

三、拓展小制作

　　下面这个小制作，大家找类似材料进行制作。

1. 任务

　　制作三大地震带分布图画框。

2. 材料与工具

　　透明塑料片（A4，三张）、三种颜色的马克笔（蓝色、红色、绿色）、世界地震带分布图、比 A4 纸大的 KT 板、双面胶、切割垫、美工刀、铅笔、钢尺、透明胶带、剪刀等。

3. 过程与方法

　　（1）分别描绘出三大地震带的分布图。

将一张透明塑料片覆盖在世界地震带分布图上，用蓝色马克笔描绘出海岭地震带。

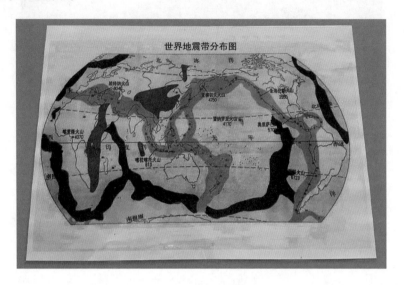

将另一张透明塑料片覆盖在世界地震带分布图上，用红色马克笔描绘出环太平洋地震带。

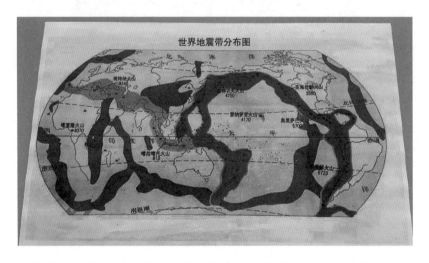

将最后一张透明塑料片覆盖在世界地震带分布图上，用绿色马克笔描绘出欧亚地震带。

★注意涂色尽量均匀，涂完不要马上覆盖，放一边晾干。

（2）制作画框。

用美工刀将 KT 版裁切成大于 A4 纸大小，并用钢尺、铅笔分别从四边向内量出中间 A4 区域大小并将其裁掉。

（3）将世界地震带分布图用双面胶粘贴于中间位置。

（4）用 KT 板制作出上下夹槽。

世界地震带分布图

（5）制作三角形后支架。

（6）将晾干后的三色地震带图片插入画框中。

世界地震带分布图

四、检测与评估

1. 1965 年，加拿大著名地球物理学家_____首先提出了板块概念。

2. 什么是地震带？

3. 全球主要有哪三大地震带？中国位于什么地震带内？你所居住的城市位于哪个地震带内？

4. 三大地震带当中地震活动最为频繁的是哪个？

5. 我国地震活动的特点是什么？

6. 我国地震分布主要集中在哪五大区域？

五、资料与信息

电路基础比较好的同学，可以使用发光二极管、电池盒、导线等材料，将地震带展示框变成背景可亮灯的形式。

世界地震带分布图

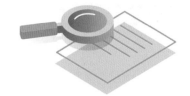

第四章 地震波

一、引 言

地震又称地动、地振动，是地壳快速释放能量过程中造成振动，产生地震波的一种自然现象。地球上的板块与板块之间相互挤压碰撞，造成板块边沿及板块内部产生错动和破裂，是引发地震的主要原因。

要想全面了解地震，探究地震背后的秘密，单纯依靠地震后的破坏情况是远远不够的。我们需要与地球内部建立"联系"，以此来进一步了解地球内部的构造，从而解开地震之谜。建立在我们与地球之间的这座"信息桥"便是地震波，地震科学的主要内容之一就是研究地震波所携带的信息。地震波虽然有时给我们带来了危害，但同时也可帮助我们探究地球的奥秘。在这一章，我们将通过地震波来解读地震的秘密。

二、阅读与思考

1. 地震波的传播

地震发生后，振动以能量波动的形式向四周传播扩散，这种波动称为地震波。

地震的发生非常突然，很多时候，在短时间内，人们根本来不及逃离危险区。那么，地震可不可以像下雨或下雪一样提前预报出来，让人们在地震到来之前就开始准备呢？尽管人类的科技水平已经相当高，但我们对于地球内部的具体情况以及地震形成的详细原因并不是完全了解，因此我们还无法实现像预报下雨一样预报地震的到来。尽管无法对地震进行预报，但我们可以对地震进行预警。当地震产生的地震波到达地表时，全国各地大量的地震监测台站会在最短的时间内监测到地表的震动，而后会将监测到的异常信号传送到地震台网中心，利用电磁波传播速度与地震的纵波、横波传播速度的时间差，向地震波还没有到达的地区发出地震预警信息，让这些区域的人们做好避震准备，从而在一定程度上减少人员伤亡。

地震波由震源扩散到四周需要一定的时间，科学家们正是利用地震波传播的时间差来向地震波还没有到达的地区发出地震预警的。例如某一时刻 A 地发生了地震，A 地周围的地震监测台站在地震波到达地表的第一时间就监测到了地面的异常震动，于是地震台网中心立刻向离 A 地有一定距离的 B 地发出地震预警信息，B 地的人们在收到预警信息后迅速开始避险，这样当地震波到达 B 地后，由于人们提前做出了避震准备，B 地将在一定程度上减少人员伤亡。尽管 A、B 两地之间有一定距离，但地震波的传播速度还是非常快的，会在很短的时间内到达周围地区，留给人们的避险时间非常有限，所以我们平时便要学会如何正确避震，并且常备急救物资，这样一旦发生危险，我们也能在最短时间内采取有效的避震措施，减少人员伤亡。

地震波是地震释放的能量作用在岩石上面的结果，就像往平静的湖面扔一颗石子所激起的波纹一样，如果这时刚好有几片树叶漂浮在湖面上，我们就可以看到树叶随着波纹上下起伏。地震时产生的波跟湖面上激起的波纹较为相似，地震时我们感受到的振动便是地震波从地下传到地表的振动。

2. 地震波的类型

地震波根据传播的类型主要分为纵波与横波两类。纵波就像我们说话时产生的声波一样，声波振动的方向总是沿着声音传播的方向。当地震发生时，纵波在地下向四周传播，不断挤压周围的岩石，就像我们挤压弹簧一样，被挤压的岩石像收缩的弹簧一样发生形变。在短暂的形变之后，岩石会将这股能量向外传播，就像我们挤压弹簧的一侧时，在弹簧的另一侧会感受到来自弹簧的挤压一样，地震造成挤压不断地向外传递，直至到达地面。纵波在地球内部传播得非常快，可以在固体、液体、气体中传播，是地震中第一个到达地面的波形。由于纵波传播到地面后产生的振动只会让地面上的建筑物上下"颠簸"，因此纵波对房屋等建筑物的破坏力度很小，几乎不会震倒建筑物，是地震中危害性较弱的波形。

与纵波相对应的波，便是在地震中具有超强破坏力的横波。横波就像抖动一根软绳子时所产生的 S 形波一样，传播方向与振动方向相互垂直，例如我们把一根绳子的一端绑在一棵树上，手里握住绳子另外一端左右来回摆动，便很可能产生 S 形波动。波动以摆动的手为起点，迅速地向着树

的方向传播，绳子产生的波左右振动，而波的传播方向是从手到树的前后方向，所以波的振动方向与传播方向相互垂直，这种波就是横波。

横波

左右快速摇摆

当地震发生时，横波不断向四周传播，但只能在固体中传播。当横波到达地面后，会产生强烈的振动，房屋在剧烈的摇晃下便会倒塌，从而造成严重的人员伤亡和巨大的经济损失。

3. 地震波的作用

横波对建筑物的破坏力远比纵波大，但横波到达地面的时间却比纵波晚些，这就给我们创造了避震的机会。纵波首先到达地面，但纵波的能量还不足以对建筑物造成多大破坏，可起到触发警报的作用，让我们能够在横波来临前采取正确的避震措施。

尽管有的地震波会摧毁我们的家园，给我们带来伤害，但地震波也是我们了解地球内部构造的一大帮手。我们对地球内部构造的了解，并不是科学家们实地勘察得到的，目前人类连地球表层的较深处都没有进入。那么，科学家们是如何在不进入地球内部的前提下了解地球内部构造的呢？帮助科学家们解决这一难题的，正是地震波！有的地震释放的能量非常大，这种能量会产生强大的地震波，科学家们正是利用纵波与横波在地球内部的传播情况，推断出了地球的内部构造。

三、拓展小实验

大家可以利用常见的弹簧玩具来体会地震波。

①拿住弹簧两头，使其伸长到适当长度，一头沿着弹簧伸长方向往复运动，观察纵波形态。

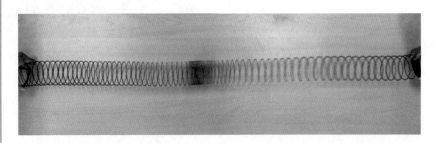

②拿住弹簧两头，使其伸长到适当长度，一头垂直于弹簧伸长方向往复运动，观察横波形态。

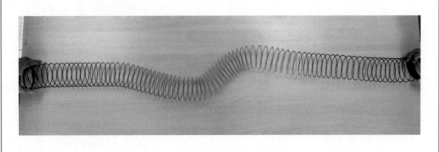

四、检测与评估

1. 地震波主要有哪两种类型？

2. 地震波中，速度最快的是哪种波形？破坏力最大的是哪种波形？

3. 使我们上下颠簸的是哪种波形？使我们来回摇摆的是哪种波形？

4. 哪种波形可以在固体、液体、气体中传播？哪种波形只能在固体中传播？

第五章 抗震建筑的重要性

一、引 言

　　地震是地球上常见的一种自然现象，虽然有时会给人类带来严重的危害，但这些危害基本上都是由建筑物倒塌或地震引发的火灾、海啸、泥石流等次生灾害造成的，地震本身并没有对人类造成多大的伤害。所以说，地震中被破坏的房屋等建筑物是造成人员伤亡与经济损失的主要原因。要想减轻地震带来的危害，建造能够对抗或消减地震能量的房屋是当前较好的方式。这一章，让我们一起走进抗震建筑的世界。

二、阅读与思考

1. 人类住所的发展过程

　　人类的居住场所从最早的天然洞穴，经历了千万年的发展演变后，成为现在的高楼大厦。建筑可以说是人类历史上最伟大的成就之一，它见证了人类进化的各个阶段，代表了一个时期的文明，对人类社会的发展起到了至关重要的作用。

远古时期的人类居住在天然形成的洞穴内，以此躲避风雨和野兽的侵袭。尽管天然洞穴不能为当时的人类提供舒适的居住条件，但在当时是最佳的居住场所。天然洞穴的内部空间较大，结构牢固，可以成为好几代人的稳定住所。从一些洞穴内保留下来的壁画中可以看出，正是穴居生活开启了人类文明的第一阶段。

穴居生活之后，过了一万年左右，随着食物的减少，人类不得不到更远的地方去打猎。外出打猎的路途越来越远，人类逐渐学会用大型动物的骨架和兽皮搭建简易的帐篷，比如当时的人类就用猛犸象的骨头做支架，再将猛犸象皮搭在骨架之上，做成一个大型帐篷。用骨头和兽皮搭建的帐篷不仅能够让当时的人类保持温暖，还能让他们选择最佳的搭建区域，方便打猎。之后越来越多的人选择这种居住方式，但由于兽骨较少，且搭建的帐篷不大，不能满足当时人们的需求，故聪明的人类开始用树木和茅草搭建帐篷，人类的住所进入茅屋时代。

就这样过了几千年之后，人口越来越多，茅屋需要建得更大才能满足人们的需求，于是当时的人类根据不同的地理环境建造了不同类型的茅屋，比如气候较为干旱的地区逐渐用泥土和茅草等建造房屋，气候较为湿润且树木丛生的地区逐渐用木头和茅草建造木屋。人们居住的房屋越来越大，也越来越结实，一些传统的建造工艺由于在特殊环境中具有优良表现，被一直保留了下来。如在一些干旱地区，泥土房由于具有冬暖夏凉的特色，成为当地的传统建筑。

再之后，随着科学技术的不断发展和社会的不断进步，人们开始聚集生活，城市开始出现，房屋建设慢慢有了布局，各种阁楼、院落、高楼大厦不断拔地而起，房屋也被划分出各个功能区，如厅堂、厨房、卧室等。不同的房屋在建筑构造方面有了不同方向的发展，总体而言，房屋越来越牢固，形式越来越多元化。

2. 我国抗震建筑的发展

纵观我国建筑的发展，从古代的木屋到现在的钢筋混凝土高楼，无论哪个时期的建筑，都避免不了抵抗自然灾害的侵袭。

我国作为地震多发国，房屋的抗震性能显得极为重要。在抗震方面，我国古代建筑有着其独特的建筑风格。我国古代抗震建筑多以木结构为主，木结构因其巧妙的搭建方式以及卓越的抗震性能被广泛使用。现如今，在我国保留下来的古代建筑中，绝大部分都存在木结构或全部用木材建造，如应县木塔、义县奉国寺大殿、故宫等都历经数次大地震而不倒，木结构已成为一种较成熟的消能减震结构。

木结构作为世界建筑技术的瑰宝之一，不仅为我们展现了古代建筑的独特魅力，也为现代抗震建筑的建造提供了参考。

随着人口的不断增长，现代城市的人口相当密集，城市建筑也跟古代截然不同。越来越高的楼房把人口集中在一起，一旦发生大地震，房屋倒塌必然造成严重的人员伤亡以及巨大的经济损失。针对如此严峻的挑战，我国对建筑物的抗震设计提出了三个标准：小震不坏，中震可修，大震不倒。我国很多地区的抗震设防烈度是8度，那么在这些区域，应做到：地震烈度低于8度房屋不坏，地震烈度为8度时房屋可修，地震烈度大于8度时房屋不倒。

我国的房屋建筑存在一定的差异，比如人口密集的繁华地区与人口较少的县城，不论是建筑高度还是密集度都不同，大城市中心高楼耸立，乡镇县城则多是中低层建筑。在面对不同类型的房屋建筑时，我们要做相应的抗震设计，不仅要符合当地的抗震设防标准，还要考虑当地的经济基础，结合人们的生活习惯，以减少地震灾害造成的人员伤亡和经济损失。

建筑物的抗震设计与施工

哇，好漂亮！

这是咱们未来的新家——幸福花园！

是按抗震设防要求设计的吗？

是按设计要求施工的吗？

建设工程必须按照抗震设防要求和设计要求进行抗震设计和施工

3. 我国的抗震建筑

该如何提高房屋的抗震性能呢？不同的建筑类型有不同的方法，比如我们居住的楼房，一般用钢筋混凝土建造而成，提高这类房屋的抗震性能，主要通过增加剪力墙和钢筋混凝土框架来实现。剪力墙相当于给房屋增加了一副"盔甲"，让房屋整体变得非常结实，在地震到来时，有这副"盔甲"做支撑，房屋就不会被轻易破坏；钢筋混凝土框架相当于给房屋搭了一个结实的"架子"，把房屋牢牢地"架住"，使房屋不会在地震中倒塌。除了增加剪力墙跟钢筋混凝土框架外，我们还可以通过增加阻尼器消减地震能量，保护房屋不被地震摧毁。阻尼器一般安装在建筑物内部，当房屋在地震震动下出现晃动时，阻尼器便会通过自身形变来平衡房屋的晃动，使得房屋的整体结构不被破坏。

我们的社会正处于高速发展阶段，一旦地震灾害将城市摧毁，必然会造成巨大的人员伤亡和严重的经济损失，因此优良的抗震建筑是保护人民生命财产安全的有力保障。

把房子盖结实了，防御地震最保险！

建筑物抗震

工程抗震能力

地震灾害主要是由建筑物的破坏造成的。因此，加强建筑物的抗震设防、提高现有建筑物的抗震能力是减轻地震灾害的重要措施之一

三、实践与思考

1. 任务

制作一个手摇震动平台，为以后的实验做准备。

2. 材料与工具

套材包：PVC 泡沫板、螺丝、螺母等。

自备工具：锤子、螺丝刀等。

3. 过程与方法

（1）核对配件。

套材包

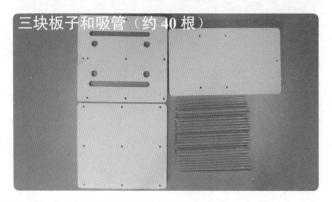

三块板子和吸管（约 40 根）

金属件包、连接件包

金属件包中的零件

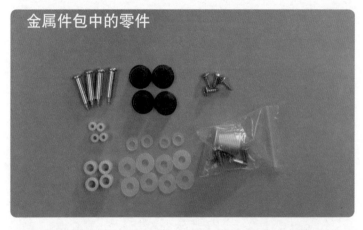

连接件包中的零件

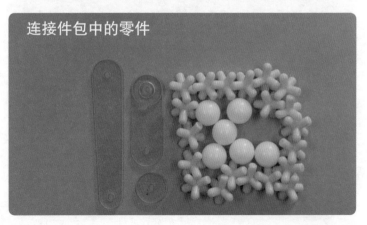

（2）连接上层滑板和长连杆。

①取出上层滑板、图示长连杆和一对螺丝、金属垫片。

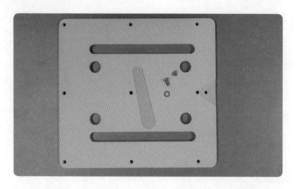

②将长螺丝置入长连杆较细一端，并放置好金属垫片。

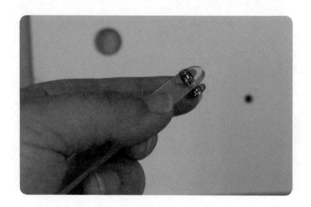

③用螺丝刀拧紧底部螺丝，连接上层滑板与长连杆，放一旁备用。

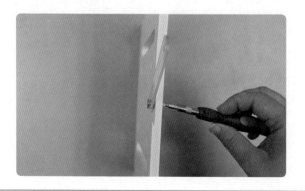

（3）连接底板和短连杆。

①取出底板、短连杆、铆钉和垫片。

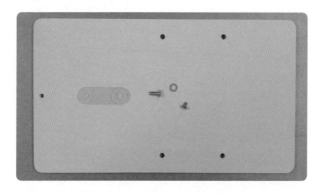

②组装短连杆，圆片朝下，插入铆钉和垫片。

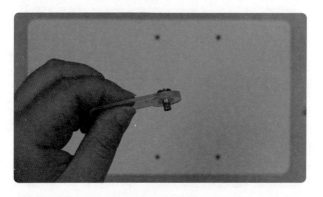

③从下方将短铆钉敲入底板后放一旁备用。

（4）制作4个滑轮。

①取出长滑轮钉、塑料垫片、大塑料圆柱，共4套。

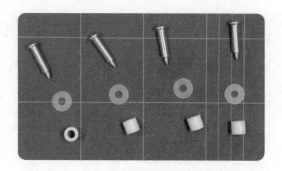

②组装。

（5）组装底板、上层滑板和滑轮。

①拿出制作好的上层滑板、底板和滑轮，再取4个塑料垫片。

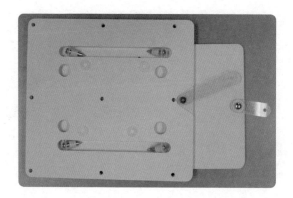

②将 4 个滑轮从上向下穿过上层滑板两侧的长孔，在底部分别安装一个塑料垫片。

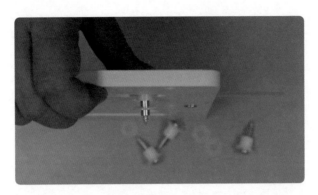

③将上层滑板上的四个滑轮螺丝对准底板上的四个孔，插进去。

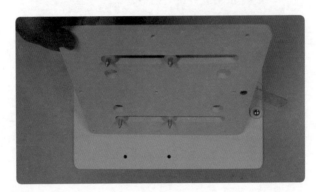

④拧紧螺丝。

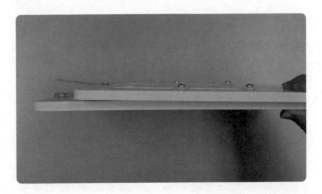

（6）安装摇臂把手，连接上下层板。

①取出把手、长螺丝、塑料垫片（2个）、大圆片。

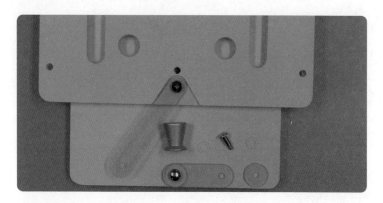

②长螺丝从下向上依次穿过短连杆、垫片、大圆片、垫片，并穿入上层滑板摇臂孔中。

③从上向下将把手拧入长螺丝。

（7）安装底部螺丝套。

为底部 4 个突出螺丝拧入小塑料套。

塑料套较紧，可以利用螺丝刀和钳子进行安装。

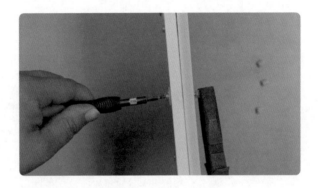

（8）安装脚垫。

①提前用笔标记定位。

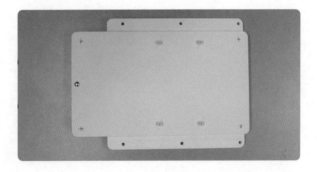

②在定位处放置好螺丝与脚垫。

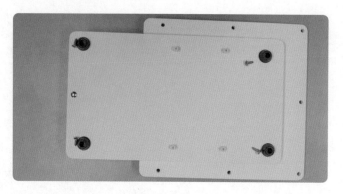

③将螺丝穿过脚垫，用螺丝刀将螺丝用力拧入底板，注意不要拧太紧，以防螺丝尖头穿透底板。

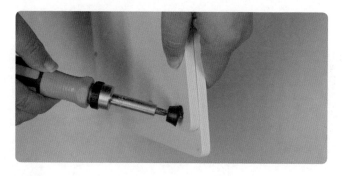

（9）完成并调试。

完成后的效果如下图所示。

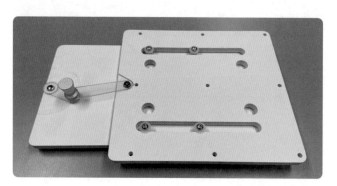

摇动把手，上层滑板应顺畅往复运动。若发生卡顿，请进行调整。

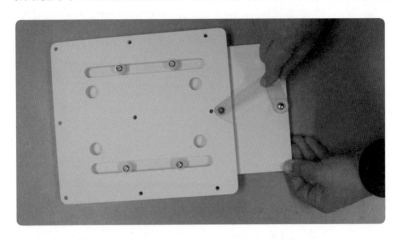

调整时，可用锉刀、美工刀对上层滑板长孔外侧面（即与滑轮接触的面）进行修整、打磨。

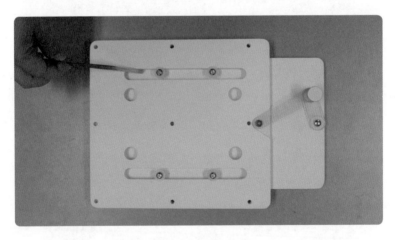

四、检测与评估

1. 在地震中，造成人员伤亡的主要原因是什么？

2. 我国古代主要的抗震结构是什么结构？

3. 我国建筑物抗震设计标准是什么？

4. 我国建筑是通过什么增强抗震性的？

第六章 圈梁建筑物

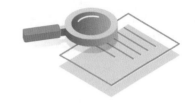

一、引 言

人类居住的房屋经过千万年的发展演变，成了如今形形色色的建筑：有的高大耸立，有的低矮敦实；有从古代一直保留下来的古老建筑，也有新时代建造的新型建筑。无论哪一类的房屋，都是人们智慧的结晶，都是能够为我们遮风挡雨的地方。在建造房屋时，我们不仅要考虑实用性和舒适度，更要考虑房屋应对自然灾害的能力。在这一章中，我们将会学习一些简单有效的抗震结构。

二、阅读与思考

1. 不同级别地震对建筑物的影响

相对于风雨带给房屋的影响，地震的危害就大了许多，但也不是所有的地震都能对我们的房屋造成破坏。根据地震震级的大小，我们将地震分为极微震、微震、小震、中震、大震和特大地震。极微震不会对我们的房屋造成什么破坏；发生微震时，门窗会发出细微的响声，但不会对我们的房屋产生太大的影响；小震发生时，震中区域的大部分人都能感觉到震动，门窗会在震动中发出吱吱的声响，悬挂起来的物体会出现晃动，但基本不会对我们的房屋造成什么破坏；中震已经能够对我们的房屋造成一定程度的破坏，尤其是一些土房子或砖瓦房，会因为承受不住地震震动而发生破坏；大震会对震中区域的建筑物造成相当严重的破坏，像一般的砖瓦房几乎承受不了这类地震产生的震动，最终墙倒屋塌，进而造成人员的伤亡和经济损失；特大地震不仅会对震中区域的房屋建筑造成严重的破坏，其能量的传播还会对震中周围的大部分地区产生严重危害，甚至在距离震中位置几千千米外的地方都能感受到震动，人类家园在特大地震面前将会被无情摧毁，例如 2008 年四川汶川 8.0 级大地震，产生的震动影响了大半个中国以及亚洲的多个国家和地区，造成了严重的损失。

2. 我国主要建筑类型

大地震释放的能量所造成的破坏是非常严重的，因此建造更加稳固的房屋就显得极为重要。我国的房屋建筑根据建造材料的不同，主要分为砖木建筑、砖混建筑、钢筋混凝土建筑、钢架建筑几大类。

砖木建筑是以我国传统木结构建筑为基础发展而来的，相较于传统木结构建筑，砖木建筑的建造更加简单方便，施工布局也比较灵活，因此在 20 世纪被大规模建造使用。但由于砖木建筑牢固程度不够，使用年限

较短，而且随着人口越来越多，已经无法满足人们的居住需求，因此单纯的砖木建筑已经慢慢被淘汰了，现如今也只有部分地区存在单纯的砖木建筑。

砖混建筑与砖木建筑的结构较为相似，只是用更为坚固的钢筋混凝土代替了木头的部分。这样一来，就能增强房屋的整体稳定性，房屋的使用寿命也会变长。一般砖木结构只能用于建造较为开阔的平层，也就是我们常说的平房，而砖混结构由于其稳定性强，可以用于建造小面积楼房，我们常见的很多年代久远的低层楼房基本属于砖混建筑。

不管是砖木建筑还是砖混建筑，其结构的稳定性都相对一般。在遭遇地震时，砖墙的变形能力较差，根本无法抵抗地震产生的剧烈震动，一旦墙体被破坏，房屋失去了支撑，便会造成建筑整体性的坍塌。

3. 圈梁建筑的抗震性能

为了加强这类房屋的抗震性能，人们在房屋的基础部分和各个楼层间设置了一圈圈钢筋混凝土梁框，使得房屋拥有了一个简单的框架。有了这个框架的束缚，房屋就变得更加牢固了。这一圈圈的钢筋混凝土梁叫作圈梁，加了圈梁的建筑被称为圈梁建筑。

圈梁分为地圈梁和上圈梁。地圈梁是指设置在房屋地下基础部分与地上建筑之间的钢筋混凝土圈梁，这种圈梁可以保持房屋的整体稳定性，还可以防止地基不稳造成的房屋倾斜倒塌。在建造房屋时，人们都会在地下打地基，来增强房屋的稳定性，打好地基后便会在地基之上建造房屋主体。地圈梁在地基与房屋主体之间加了一重保护，把地基与房屋主体牢牢固定在一起。此外，地震会导致地面破坏，地面会在震动中像流沙一样变软，出现沉降，圈梁便可以保护房屋不在沉降中发生破坏。

上圈梁与地圈梁作用一样，只是设置的位置不同。上圈梁一般设置在各个楼层之间，就像用一个钢筋混凝土做成的大环把上下两层楼牢牢套在一起。上圈梁可以加固楼层之间的连接处，从而增强房屋整体稳定性。地震发生时，速度较慢但破坏力巨大的横波会对房屋产生很大的剪切力，

剪切力会破坏房屋各个楼层之间薄弱的连接处，房屋会因此遭到破坏。这就像脚底粘了胶水的人一样，尽管能站稳，但是各个关节处还是较为薄弱的，大的震动可能会让他的关节出现弯曲，如果对他的各个关节也进行固定，他就不会轻易被晃倒了。

　　尽管拥有了圈梁并不代表房屋不会被破坏，但设置圈梁是一种非常实用且简单有效的抗震措施，能够明显增强房屋的抗震性能，在农村等经济不发达的地区被广泛使用，发挥着巨大的作用。

4. 斜撑结构

　　除了通过增加圈梁来增强建筑物的抗震性能外，现在还流行着一种新型的抗震技术，它就是钢筋混凝土框架斜撑结构。上面我们提到了钢筋混凝土框架结构的房屋抵抗地震剪切力的能力较差，通过增加圈梁可在一定程度上增强房屋的抗震能力，但当遭遇较大地震时，剧烈的摇晃还是会使房屋的承重柱发生破坏，进而影响房屋的整体稳定性。那么如何保证房屋的承重柱在地震的摇晃中不最先被破坏，从而使房屋"破而不倒"呢？斜撑结构便起着保护房屋承重柱的作用。

斜撑结构通过在房屋框架一侧增加一些混凝土斜撑或钢支撑，使得房屋的抗侧向力大大增加，从而能够保证在地震能量的作用下承重柱不最先被破坏。斜撑一般采用人字形或V字形，连续安装在房屋的一侧。当地震到来时，房屋出现摇晃，这时斜撑便会被牵拉或挤压，斜撑受到的力最终会传到房梁上。房梁一般为钢梁，钢梁具有一定的变形能力，通过变形便可以消耗一部分的地震能量，保护承重柱不被破坏。当斜撑受到的力达到一定程度之后，斜撑就会优先于承重柱发生破坏，因此，斜撑是房屋抗震的第一道防线，能够很好地保护房屋在地震中的整体稳定性。

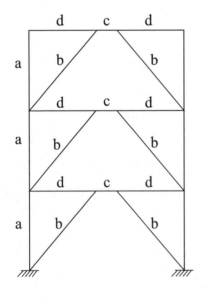 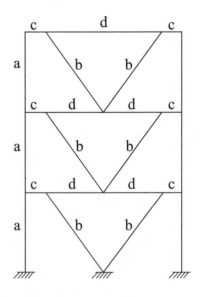

三、实践与思考

1. 任务

在手摇震动平台上利用器材搭建出圈梁结构，观察圈梁对建筑物结构稳定性的影响。

2. 材料与工具

器材包内搭建零件。

3. 过程与方法

①在平台上用拼插件搭建出无圈梁基本结构，摇动平台，观察震动现象。

②重新搭建结构，增加地圈梁和上圈梁，摇动平台，与无圈梁结构的测试结果进行对比。

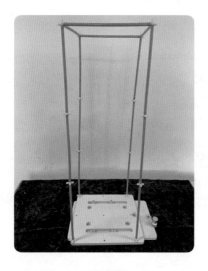

无圈梁

增加圈梁

四、检测与评估

1. 根据地震震级的不同，我们可以将地震分为哪几类？

2. 我国建筑类型主要分为哪几类？

3. 圈梁分为哪两种？

4. 圈梁一般是用什么材料建造的？

第七章　不同高度建筑物的抗震性能

一、引　言

人类的居住场所反映着当前社会文明的发展。从远古时期的天然洞穴一步步发展到现在的高楼大厦，我们居住的房屋发生着巨大的变化——不仅越来越高，而且充满着高科技。这些高科技不单会让我们住得舒服，还会让房屋变得更加牢固，让我们在自然灾害面前有了一把可靠的保护伞。在这一章里，我们将会学习到各类神奇的抗震"法宝"，看看它们是如何为人类的生存保驾护航的。

二、阅读与思考

1. 我国住宅的划分

在我国，根据高度不同，我们将住宅分为低层、多层、中高层、高层以及超高层几大类。

低层是指楼层为 1 ~ 3 层的住宅，例如一些农村自建的两层或三层楼房，以及我们熟知的平房，都属于低层住宅。这类房屋大多数采用砖混结构。其主要承重部分采用钢筋混凝土结构，如柱子跟圈梁等，墙面则用普通的砖砌成。这样一来，在保证房屋稳定性的同时又比较经济实惠。

多层是指楼层为 4 ~ 6 层的住宅楼，例如我们常见的一些老旧小区内的楼房，基本都是五层或六层。这类房屋也多采用砖混结构，主要的承重柱和圈梁采用钢筋混凝土结构，墙面则由砖砌成。但这类房屋的抗震性能较差，当地震发生时，房屋的一二楼会在强烈的摇晃下出现破损，一旦承重柱被破坏，那么整个房屋将会倒塌，造成严重的伤亡。对房屋造成这种破坏的正是剪切力，房屋的低层在地震时不仅要承受上层房屋的重量，还要承受来自地面的震动，在这两股力量的作用下，一楼跟二楼这种受力最大的地方便会出现破损，进而造成房屋整体倒塌。这好比我们握住一根铅笔的尖端，然后用力摇晃铅笔，那么这支铅笔最先折断的部位便是铅笔尖。我们握住铅笔用力摇晃就相当于地震，整支铅笔相当于房屋，铅笔尖就是房屋最容易被破坏的一二层，当强大的震动作用在铅笔尖上时，由于铅笔尖无法带动整支铅笔跟随手一起运动，铅笔就会在靠近手的地方折断。

中高层是指楼层为 7～9 层的住宅，这类房屋也基本上是砖混结构房屋。房屋的整体框架采用钢筋混凝土结构，框架属于房屋的主要承重部分，可以维持房屋在地震中的整体性。即使房屋的墙体部分被破坏了，只要整体框架不被破坏，房屋就不会倒塌，从而保护人们的生命安全。但这类房屋也会受到地震剪切力的破坏，一旦剪切力将房屋的框架损坏了，那么房屋也会出现倒塌现象，并且中高层住宅的整体重量更大，剪切力的破坏作用会更强。为了对抗剪切力，人们将房屋的一部分墙体由原来的砖墙换成钢筋混凝土浇筑的墙，这样一来，墙跟柱子变成一个整体，钢筋混凝土结构会更加牢固，就可以在一定程度上抵抗地震震动造成的剪切破坏，我们把这样的承重墙叫作剪力墙。

高层是指 10 层及 10 层以上的住宅，多数采用钢筋混凝土框架加剪力墙结构。单纯的钢筋混凝土框架虽说可以保持楼房整体的稳定性，但抗震能力不足，钢筋混凝土框架加上剪力墙就能增强房屋整体的抗震性，使高楼的抗震性能大幅度增强。尽管在钢筋混凝土框架跟剪力墙的帮助下，房屋抵抗地震震动的能力有了显著提高，但因为建筑成本以及自重等因素的影响，高层住宅中只有一部分墙体是钢筋混凝土结构的剪力墙，其余的墙体基本上都是砖块砌成的，而砖墙的抗震性较差，一旦地震释放的能量较大，这部分砖砌墙就会被破坏，甚至出现大面积的倒塌，因此在地震避险时要注意砖砌墙倒塌后对我们造成的伤害。

超高层建筑是指高度超过 100 米的建筑物。上面提到的低层、多层、中高层以及高层建筑都是民用住宅，也就是我们平时居住的房屋，而这里说到的超高层建筑不仅包含民用住宅，还包括商业办公楼等民用建筑，例如北京的中国尊（建筑总高 528 米）、广州的"小蛮腰"（建筑总高 600 米）、台北 101 大楼（建筑总高 508 米）等都属于超高层建筑。

2. 超高层建筑抗震设计

目前超高层建筑使用最广泛的是框架结构与剪力墙结构。钢筋混凝土结构的柱子具有较强的承重能力，完全可以支撑几十层高楼的重量，但钢筋混凝土结构的柱子比较"柔软"，当达到一定高度之后就会像竖起来的弹簧一样，能够水平移动，而且越往上，移动的距离越大，这样的房屋甚至能在大风的作用下来回摇晃，极不稳定。当地震来临时，剧烈的震动会使这些超高层建筑产生非常明显的水平移动，此时的楼房就像一棵参天大树被风刮得来回摇摆一样。尽管在严重的水平移动中钢筋混凝土柱子不会被轻易"折断"，但在这种形变之下，楼房的其他部分会被破坏，比如各个楼层的窗户、普通砖块砌成的阳台以及门框等都会被破坏，进而对人们造成伤害。

为了增强高层建筑的刚性，让楼房变得更加稳定，人们在建造高层建筑时会加入剪力墙结构。加入剪力墙就相当于在竖起来的弹簧中间插了一根木棍，有了木棍的支撑，弹簧就不会来回晃动了，从而使房屋能够抵抗台风以及地震产生的晃动。

3. 超高层建筑消能减震装置

除了通过增加剪力墙来稳定高层建筑之外，我们还可利用很多高科技手段来帮助楼房在台风和地震中"稳定"下来，如台北 101 大楼。我国台湾地区位于地震带上，属于地震多发区域，此外还有台风的侵袭，为了能够在地震跟台风中稳住自身，台北 101 大楼在 88 楼到 92 楼之间悬挂了一个 660 吨重的巨大钢球，钢球用液压阻尼器固定在大楼四周。液压阻尼器就相当于弹簧，当钢球晃动时可以吸收能量，起到使钢球"减速"的作用。在大风或地震中，大楼出现晃动时，钢球由于自身的巨大重量，不会跟随大楼一起晃动，但由于钢球是悬挂在大楼内的，当大楼开始晃动而钢球不动时，大楼就会与钢球间产生位移，这时液压阻尼器就会像弹簧一样阻止二者间产生位移。这样一来，就能抵消一部分晃动，使得大楼晃动的幅度变小，从而保护了大楼整体不被破坏。

三、实践与思考

1. 任务

　　①制作不同高度的建筑物模型，利用手摇震动平台，观察摇晃程度。

　　②在建筑物模型中加入阻尼减震结构，观察效果。

2. 材料与工具

　　手摇震动平台及材料包（见第五章）、重物（如砝码）及连接绳。

3. 过程与方法

①在手摇震动平台上搭建 3 个高度不同的结构，手摇震动，观察不同速度下不同高度建筑物的摆动幅度（左下图）。

②搭建右下图所示结构，手摇观察稳定性，加入阻尼重物（图片中为 100 克砝码），再摇动，观察效果。

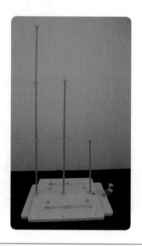 

四、检测与评估

1. 我国住宅根据高度的不同可分为哪几种？

2. 我国超高层建筑使用最广泛的结构是什么？

3. 除了钢筋混凝土框架和剪力墙，还有什么抗震设计？

第八章 橡胶隔震支座

一、引言

地震灾害在人口聚集的城镇地区会造成严重的人员伤亡和巨大的经济损失。当地震发生后，需要让受伤的人尽快得到救治，挽救每一个生命。这时当地的医院及应急指挥部等就显得极为重要，一旦这些场所在地震中遭到破坏，无法正常使用，那必然会造成更加严重的伤亡和混乱。因此，让这类建筑在地震中保存下来，成为震后救援的重要场所，将会在很大程度上减少人员的伤亡，也有利于在灾后迅速建立应急中心。这一章我们将学习了解一些抗震减震的新型技术。

二、阅读与思考

1. 隔震技术

除了增强房屋的抗震性能外，我们还拥有一种能够保护房屋不被地震摧毁的"法宝"——隔震支座。

配备了隔震装置的建筑被称为隔震建筑。隔震建筑分为两大部分：上面是房屋主体部分，也就是我们日常居住、办公的部分；下面是提供房屋稳定性的地基部分。这两部分用隔震支座连接。隔震支座就相当于汽车上的减震弹簧，汽车通过颠簸路面时，轮胎的震动会被减震弹簧吸收，这样就可以尽量保证汽车主体的稳定，让我们坐在车内的人只感受到轻微的颠簸。当地震发生时，地震震动由地下传来，最先接触到房屋的地基部分，之后便会传递到隔震支座上，隔震支座便会通过自身的变形来吸收一部分能量，减少上面房屋受到的震动，保护房屋主体不被破坏。

2. 橡胶隔震支座的工作原理

目前使用最为广泛的是叠层橡胶隔震支座，叠层橡胶隔震支座主要有天然橡胶支座、高阻尼橡胶支座和铅芯橡胶支座三种。其中消耗地震能量效果最好的是铅芯橡胶支座。

铅芯橡胶支座由一层层橡胶和钢板交叠而成，在支座的中间竖直插入了一根铅芯。这里的铅芯并不是我们现在用的铅笔里面的铅芯，现在的铅笔多为石墨芯，而铅芯橡胶支座里面的铅芯是用金属铅制作而成的铅棒。金属铅棒拥有较强的塑形能力，在约束橡胶与钢板的同时还能通过自身形变消耗地震能量。叠层橡胶隔震支座的层层橡胶跟钢板之间用特殊的"胶水"粘在一起，一般是一层橡胶一层钢板。这样一来，形成的叠层橡胶隔震支座就能牢牢支撑住房屋整体重量，不必担心橡胶太软支撑不住房屋了。有了钢板的叠层橡胶隔震支座比单纯的天然橡胶更加"刚硬"，使房屋在大风等外力作用下也能保持稳定，还可以避免房屋在地震中过度摇晃。当地震来临时，拥有巨大破坏力的横波到达地面，房屋中最先接触到横波的是橡胶隔震支座下面的地基部分。地基深埋在地下，相当于跟大地融为一体，当震动传递到地面上时，地基开始运动，而地面之上的房屋主体与地基之间被橡胶隔震支座隔开，地震震动所蕴含的能量在通过隔震支座时会因橡胶隔震支座的变形而被消耗，最终作用在房屋上的震动就会大大减小，不会对房屋整体造成太大的破坏，从而保证了房屋结构的稳定性。

在为房屋安装橡胶隔震支座时，还会安装配套的阻尼器、抗风装置以及限位装置。阻尼器的作用是加强橡胶隔震支座消耗地震能量的能力。橡胶隔震支座就好比是一个大弹簧，这个大弹簧可以起到一定的减震作用，而阻尼器就是安在大弹簧周围的小弹簧，这些小弹簧可以让减震效果更好，让房

橡胶隔震支座剖面

屋在地震震动中更加稳定。抗风装置可以减轻房屋在大风和微震中的摇晃，保证房屋稳定性。限位装置是安装在房屋主体与地基之间的保护装置，就像在一根弹簧外安了一个圆筒一样，约束了弹簧水平运动的范围，只能让弹簧在这个筒内运动。若没有限位装置，房屋在地震震动中晃动的幅度可能会越来越大，一旦超过一定的限度，房屋便会出现严重的损坏。

3. 橡胶隔震支座的实际应用

　　橡胶隔震支座已经在全世界范围内得到广泛使用，并且在地震中表现卓越。在 1994 年美国洛杉矶北岭大地震中，南加州大学医院因为使用了橡胶隔震支座，没有受到较大破坏，就连室内的医疗设施都是完好的，成为地震后应急救护的重要场地。同一地区的其他传统建筑物却遭到了严重的破坏，基本丧失了正常使用功能，成为一片废墟。再如 2013 年

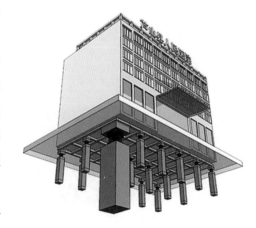

4月20日在我国四川省雅安市芦山县发生的7.0级地震中，位于芦山县城的芦山县人民医院门诊综合楼因采用了橡胶隔震支座，楼体几乎完好无损，成为震后救助的重要场地，芦山县其他的建筑则受到了不同程度的破坏，基本无法使用。医院、学校、商场、办公楼等场所一般聚集的人较多，一旦在地震中发生破坏倒塌，必然会造成极其严重的人员伤亡。医院是震后救援的重要场所，更是至关重要。

此外，橡胶隔震支座还被广泛运用在高架桥梁上，通过在桥墩与桥面之间安装橡胶隔震支座来隔开地面的震动，保护交通线路在地震灾害中不被破坏。隔震技术的普及应用，将为我们在面对地震灾害时添加一份强有力的保障。

三、实践与思考

任务：利用套材包材料，完成滚动隔震层实验。

①在底座上搭建一个"建筑结构"，摇动手摇震动平台，观察晃动情况。

②将同样的"建筑结构"搭建在独立底板上，并在底座上加入圆球，再把独立底板及其上的建筑结构放在底座上，观察滚动隔震层的效果。

四、检测与评估

1. 叠层橡胶隔震支座主要有哪三类？

2. 铅芯橡胶支座是如何制成的？

3. 在安装支座时还需要安装哪些装置？

第九章　地震来了该怎么办

一、引　言

　　特大地震拥有强大的破坏力，在短时间内便可造成大范围、大规模建筑物倒塌。在之前的章节中我们提到，地震本身并不危险，对人类造成严重伤害的，主要是房屋倒塌后造成的砸伤、埋压窒息、钢筋穿刺伤、玻璃穿刺伤，以及其他各种地震次生灾害带来的伤害，因此，在最后的章节中，我们将学习如何在地震中保护自己。

二、阅读与思考

1. 震前准备

中国地处环太平洋地震带与欧亚地震带之间，受到来自太平洋板块、印度洋板块以及欧亚板块的共同作用，这使得我国大部分地区经常受到地震的"光顾"，有时各类不同震级的地震"组团来袭"，让人们"谈震色变"。

为了在地震来临时有充足的准备，我们平时便要做好应对措施。

（1）在随手可以拿到的地方准备一个应急包。应急包应主要包含以下物品：应急饮用水、压缩饼干等能够长时间储存的食品、急救药品、包扎伤口的医用物品、手电筒及配套电池、收音机及配套电池、哨子、应急保温毯、防护手套、护目镜、雨具、小面额现金、个人信息资料卡等（需要注意的是，饮用水、食品、药品等应急物品需定期检查更换，确保在保质期内）。

（2）做好加固工作。在一些震级较小的地震中，建筑物并没有被破坏，但家具安装不牢固会导致物品掉落、翻倒，从而砸伤人员。因此，要对家里的一些物品进行加固处理，如客厅大吊灯、壁挂装饰物、书柜、衣柜、电视机、音响、空调，以及橱柜高处的储存罐等。

（3）检查水、电、燃气安全。地震发生时除了建筑物的倒塌会造成

人员伤亡外，地震产生的次生灾害同样会造成严重的破坏，如火灾、漏电、燃气爆炸、饮用水污染、疫情暴发等。为了最大限度地避免次生灾害的发生，我们需要定期对家里的水、电、燃气管线进行检查和加固，确保水、电、燃气管线无破损，燃气器具的连接管最好使用柔性材质。

（4）保持紧急逃生通道通畅。不管是地震逃生还是其他紧急情况下的疏散，为了能够在最短时间内撤离，一定要保持安全出口通畅，不堆积杂物，不加设栏杆，保持清洁。

2. 震时逃生

当地震发生时，我们可能身处各种地方，在地震避险时要学会利用周围环境最大限度地保证自身安全，防止被砸压。

（1）地震逃生原则：地震发生时若不具备逃生条件，应就近选择合适的位置避险；若条件允许，应迅速逃离。逃离时应注意：避免从高楼层直接跳下，不乘坐电梯逃生；注意上方是否有悬挂物，避开电线杆及掉落地上的电线；尽量往开阔的地方逃离，等等。

（2）选择在室内避险：可躲避在结实的桌子下、沙发旁、床旁边，在躲避时可以用柔软的枕头或垫子保护自己的头部，防止被砸伤，同时应该注意避开高的家具、电器，如冰箱、书柜、置物架、衣柜等。

在地震来临时若正在厨房烹饪，应尽可能立即关闭燃气及正在使用的电器，熄灭明火后再进行避险，防止燃气泄漏及火灾等次生灾害发生。

避险时尽量不选择门、窗旁进行躲避，玻璃在遭受强烈的挤压时会爆裂飞溅，其杀伤力不容小觑；而阳台结构不稳定，极易被破坏。若家中是易变形的铁质门，在避险前可将大门打开，防止大门变形后无法开启，阻碍震后逃生与救援。

（3）选择在室外避险：室外避险时需要注意悬挂在建筑物外立面上的各种危险物，如空调外机、广告牌，阳台上面的盆栽等也要注意躲避，还要注意防止被电线杆、路灯、自立式广告牌等物品砸伤。

在室外避险时除了注意高空危险物，还要迅速前往开阔的场地，如操场、公园等应急避难场所。在逃生过程中，人们可能会非常恐慌，继而表现得非常慌乱，可能会出现横冲直撞的行为，因此在逃生时要注意避开拥挤，有序逃生，防止出现拥挤踩踏事件。

如果所处位置靠近海岸线，大地震后常伴随着海啸的到来，一定要及时转移至较高的地方，并且要避免躲避在不稳定的建筑物上。海啸的力量非常大，一些临时性建筑物根本无法在海啸中幸存。

如果身处山野，要注意山体的变化，松软地质很容易在地震震动影响下出现大规模滑坡现象，应尽量往山的两侧走，避免顺着山势往下撤退，同时也要注意山崖落石及泥石流的发生。

3. 震后求生

若地震中不幸被困废墟中，有效的求生手段将会是生命安全的重要保障。

（1）当被困在废墟下时，首先一定要冷静下来，树立生存下去的信心。地震发生后救援力量很难在短时间内到达各个地方，在这个过程中我们只能依靠自身力量开展自救。在废墟下我们不仅要面对随时发生二次倒塌的危险，还得跟饥饿、口渴、寒冷、疼痛等作斗争，因此一定要建立足够强大的信念，告诉自己一定要活下去，也一定可以活下去。如果周围有幸存下来的人员，可以相互鼓励打气，增强信心。

（2）在树立信心时，要第一时间确认现场所处的环境是否安全，可利用身边的坚硬物体加固空间，并清理身体四周的杂物，扩大活动空间，防止二次坍塌。在清理杂物的过程中将有用的物品留在身边，以备不时之需，如水瓶、衣物、绳子等物品。

（3）及时检查身体状况，对于伤口，可用衣物等进行简单包扎止血，防止失血过多导致休克。当肢体被挤压时，要想办法撑起重物，减轻重物对肢体的压迫，长时间遭受压迫的肢体会出现坏死，会进一步损伤身体其他器官。

（4）在等待救援的过程中，要保存体力，不要盲目大喊大叫，要控制自己的情绪，不要过于激动。地震发生后救援队会火速赶赴现场进行救援，但面对复杂的地震废墟现场，救援难度极大，救援过程也会变得漫长。加上震后救援现场环境嘈杂，声音会被隔绝，很难被外界听到，而且长时间大声喊叫会导致失声，遇到救援队却无法求救，便会错过最佳救援时机。若听见救援人员的声音，可通过吹哨子、敲击物体等方式向外界发出求救信号。

（5）在等待救援的过程中，要节约食物和饮用水，尤其是饮用水，极为重要，必要时可利用水瓶收集自己的尿液，最大限度地利用水资源。

4. 重建家园

有时地震灾害带给人类的伤害是极大的，我们无法抹去那一幕幕刻骨铭心的记忆，但与冰冷废墟相对应的，是人类面对自然灾害时的团结一致。一方有难，八方支援。人们用双手一点点拨开废墟，握住废墟下最后一丝希望，将其带离黑暗，赋予温暖。

地震灾害过后，我们应带着感恩继续生活下去，去重建我们更加美好的家园，继续我们满是寄托、满是温暖、满是憧憬的人类文明。

三、检测与评估

1. 选择在室内避险时，该如何避险？

2. 选择在室外避险时，该如何避险？

3. 地震逃生时应该注意什么？

4. 震后求生手段主要有哪几种？